一看就懂的图表科学书

了不起的生物

〔英〕乔恩·理查兹 著　　〔英〕埃德·西姆金斯 绘　　梁秋婵 译

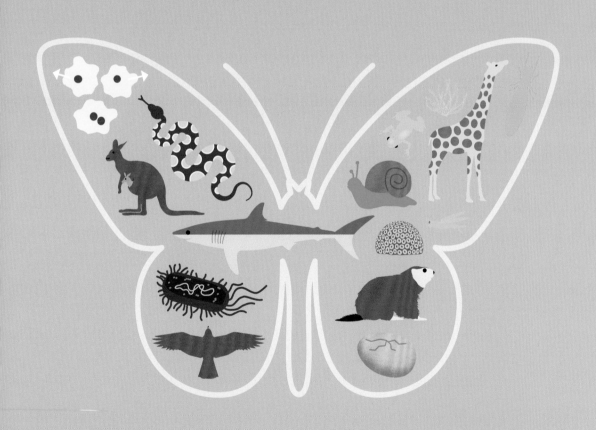

中国妇女出版社

目　录

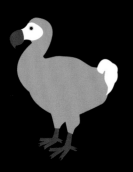

欢迎来到
信息图的世界！

运用图形和图画，信息图以全新的方式使知识更加生动形象！

你能看到
树根扎得有多深。

你会发现动物小小的
细胞里有什么。

你能知道有些动物
会在树间悠荡前行。

你会认识地球上一些
巨大的生物。

1

什么是生物？

自然界的生物有着各种各样的形态、种类和大小。最小的生物因其个头太小，以至于我们无法用肉眼看见它，而最大的生物却能凭一己之力占据极大的地方。

定义

虽然我们很难给生命下一个准确的定义，但地球上的生物总会表现出下面的一些或者全部特征：

能控制或调节
自己的身体。

除病毒、亚病毒等生物，
均由一个或多个细胞组成。

从其他物质，例如
食物中获得能量。

会生长发育。

能适应生活环境
的一些变化。

具有应激性，
会对外界刺激做出反应。

能繁殖出同种个体。

极小的生物

有一种极小的细菌，每个只有0.009立方微米那么大。一个大肠杆菌里面能装下150个这样的细菌。

巨大的生物

生活在美国俄勒冈州蓝山的一大片蜜环菌，被认为是地球上已知的最大生物体之一。

病毒

有些人认为病毒不能算是生物，因为它们不能独立繁殖。它们需要生活在其他生物体内，或者说寄生在活着的宿主细胞中，才能繁殖。

病毒

1.

宿主细胞

2. 病毒的遗传物质（DNA 或 RNA）进入宿主细胞。

3. 病毒在宿主细胞内复制自身的 DNA 或 RNA。

4. 新复制出的病毒离开死去的宿主细胞，去感染新的宿主细胞。

生活在极端条件下的生物

在过去被认为生存条件极端恶劣、不可能有生物存活的一些地方，人们发现了生物的踪迹。这些生物被称为嗜极生物。

嗜冷菌是一类能在低温环境中生存的细菌，那里的温度可低至 **−15℃**。

一些生物，例如有的螃蟹和管虫，能生活在海底热泉附近，那里的温度可能超过 **122℃**。

雪蟹
巨型管虫

人们在海平面下 **10** 千米深处和地壳下 **6.7** 千米深处，都发现过一些生命迹象。

这片蜜环菌覆盖的面积超过 **8.8** 平方千米，几乎是美国纽约市中央公园面积的 **3** 倍。

生物的分类

地球上有数百万个物种。科学家们使用各种各样的方法来描述、定义和区分不同的生物。

确定生物的类别——分类

分类就是给生物分组归类。分类时，科学家要使用不同等级的分类单元。一个分类单元下有更小的分类单元，直至分到单个的物种。

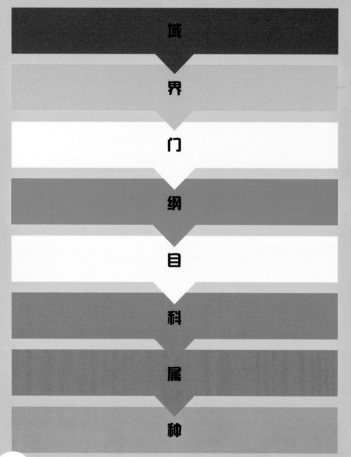

- 域
- 界
- 门
- 纲
- 目
- 科
- 属
- 种

动物界

植物界

真菌界

五界
生物分成五界，它们是：

原核生物界
（如细菌）

原生生物界
（如原生动物和藻类）

也有些科学家将生物分成六界：动物界、植物界、真菌界、原生生物界、古细菌界和真细菌界。

蜗牛是无脊椎动物。

猫是脊椎动物。

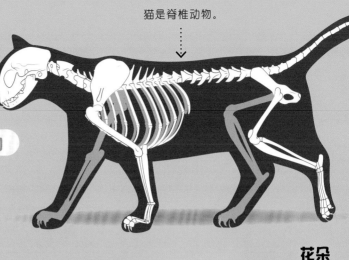

脊椎动物和无脊椎动物

有脊椎的动物，被称为脊椎动物。鱼类、哺乳动物和鸟类等都是脊椎动物。其他动物进化程度不高，且都没有脊椎，被称为无脊椎动物，例如昆虫、蜘蛛和蜗牛。

花朵

无花的蕨类植物

越来越小的类别

科学家利用几个关键特征将生物分成更小的类别，其中包括：

有花植物和无花植物

对于有些植物而言，开花是它们生命周期的一部分（见第24—25页），例如向日葵、玫瑰和樱桃。而对于其他一些植物来说，开花并不在它们的生命规划里，例如针叶树和蕨类植物等。

卵生动物和胎生动物

有些动物，包括鸟、鳄鱼和蛙，会产卵并孵化出下一代。一些卵有硬壳，被产在陆地上；另一些卵没有外壳，就必须被产在水中，以防变干而无法孵化。还有一些动物，包括哺乳动物和某些鱼类，并不产卵，而是直接生出自己的后代。

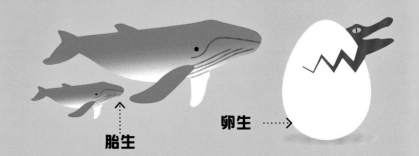

胎生

卵生

一些科学家认为，地球上共存在**874万**个物种。一些研究表明，有**86%**的陆地物种和**91%**的海洋物种尚未被发现和归类。

运动

无论是寻找食物或水,还是寻找栖身之地,无论是捕捉猎物,还是逃避猎杀,动物们总是要运动。

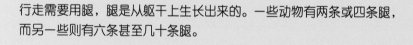

行走

行走需要用腿,腿是从躯干上生长出来的。一些动物有两条或四条腿,而另一些则有六条甚至几十条腿。

皮膜 ·······>

滑翔

就像一些植物的种子借助各种形状的"翅膀",从母体植物飞离一样,有些动物也拥有在空中短距离滑翔的能力。例如飞蜥、飞鱼和鼯鼠等,它们可以张开像翅膀似的皮膜或胸鳍来滑翔。

游泳

因为水的密度比空气的大,所以在海洋、河流和湖泊中游动需要克服更大的阻力。因此,许多生活在水中的动物都有流线型的身体,以使它们尽可能轻松地在水中穿行。

飞行

一些动物会飞，它们多数都有翅膀。昆虫的翅膀是硬的，叫作翅。昆虫通过拍打翅来推动自己在空中飞行。蝙蝠的翅膀是由长长的指骨和将指骨连起来的皮膜组成的。鸟的翅膀上覆盖着羽毛，它们是天空的主人。

硬的翅

昆虫

蜂鸟

羽毛

皮膜

指骨

蝙蝠

臂行

一些生活在森林里的哺乳动物可以用前肢交替攀住树枝，使身体腾空，悠荡前行。人们将这种运动方式称为臂行。

爬行

没有腿的陆生动物在地面上爬行。蜗牛和蛞蝓用腹足移动，腹足占据了它们身体腹面的大部分。腹足会分泌黏液，能在它们爬行时起到润滑作用。蛇通过扭动肌肉发达的、细长的身体，贴地爬行。

黏液留下的痕迹

扭动爬行的蛇

生长发育

在动植物的一生中，它们会从小逐渐长大，直至长到完全成熟时的大小。它们如果受了伤，有些会自行康复。

细胞分裂

动植物通过增加体内细胞的数量来生长。一个细胞通过细胞核和细胞质的分裂产生两个细胞，这个过程叫作细胞分裂。细胞分裂常见的方式包括有丝分裂、无丝分裂、减数分裂等。

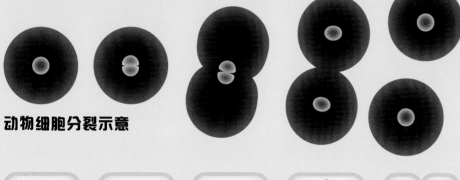

动物细胞分裂示意

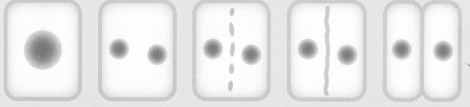

植物细胞分裂示意

成年翻车鲀

┄┄┄┄ 翻车鲀幼鱼，约 2.5 毫米长。

翻车鲀能从微小的幼鱼长成
5.5 米长的庞然大物，
体长增加超过
2 000 倍！

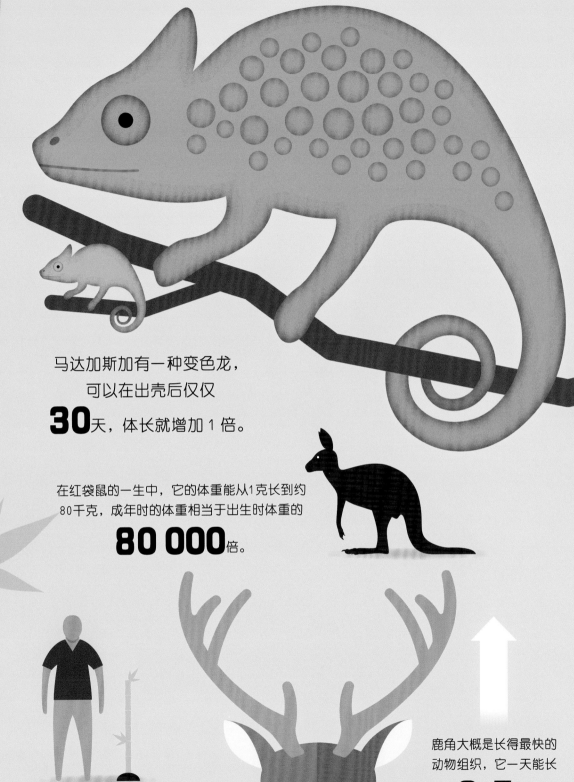

马达加斯加有一种变色龙，
可以在出壳后仅仅

30 天，体长就增加 1 倍。

在红袋鼠的一生中，它的体重能从1克长到约
80千克，成年时的体重相当于出生时体重的

80 000 倍。

鹿角大概是长得最快的
动物组织，它一天能长

2.5 厘米。

有一种竹子一天大约可以长

91 厘米，
即长高的速度达到每小时3.8厘米。

生殖

对每个物种来说，为了存活下去，必须多多生育后代，这就是所谓的生殖。单个个体进行自我复制，或属于同一物种的两个成员交配并产下后代，都属于生殖。

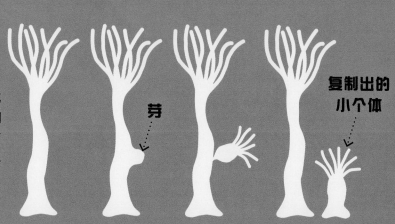

无性生殖

一些生物通过分裂或出芽等方式来繁殖，创造出自己的小复制品。这种不需要两性生殖细胞结合，而是由母体直接产生新个体的繁殖方式，叫作无性生殖。

芽

复制出的
小个体

卵子
（雌性生殖细胞）

精子
（雄性生殖细胞）

受精

胚胎

有性生殖

一般来说，有性生殖需要雄性和雌性生殖细胞相结合，随后发育成新个体。

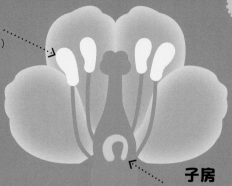

花药
（内有雄性生殖细胞）

在同一株植物或同一个动物体内，同时具有雄性和雌性的生殖器官，这样的植物叫雌雄同株，这样的动物叫雌雄同体。

子房
（内有雌性
生殖细胞）

克隆

克隆是指通过将生物体的体细胞进行无性繁殖，复制出遗传组成完全相同的复制体。例如，在克隆绵羊时，科学家将一只成年绵羊体细胞中的细胞核（含DNA）（见第15页），放入另一只羊的无核卵细胞中，融合后的新细胞最终发育成一个与第一只羊具有相同基因的克隆体。

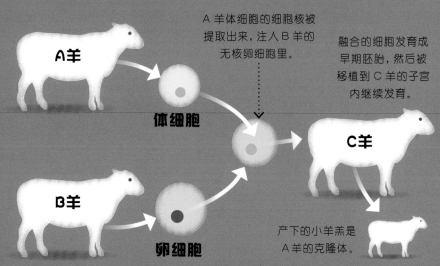

A羊体细胞的细胞核被提取出来，注入B羊的无核卵细胞里。

融合的细胞发育成早期胚胎，然后被移植到C羊的子宫内继续发育。

A羊

体细胞

B羊

卵细胞

C羊

产下的小羊羔是A羊的克隆体。

循环往复地繁殖

种子

幼苗

种子植物

植物

雏鸟

蛋

成鸟

卵生动物

幼犬

少年犬

成年犬

胎生动物

60分钟

40分钟

20分钟

0分钟

细菌是地球上繁殖速度最快的生物之一。
一些细菌能在20分钟甚至更短的时间内，使个体数量增加1倍。

形态

从微小的单细胞生物到高耸入云的巨型树木，生物的形状千差万别。生物的外形特征取决于它们的生长环境和生长方式。

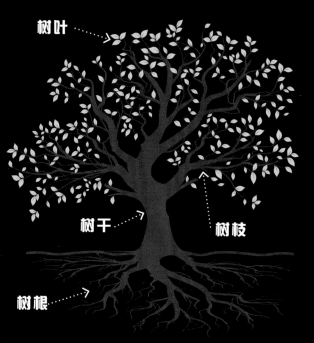

树叶

树干

树枝

树根

植物

植物利用阳光产生能量。为了尽可能多地获得阳光，许多植物的叶子不仅大，还会朝着太阳生长。许多植物生有长长的茎，使叶子离开地面；有些还生有枝条，好让叶子伸展出去。

一些树，尤其是生长在寒冷地区的树，长着窄窄的叶子，以减少水分的散失。

针叶

动植物的外形是与它们的生活环境相适应的。

驼峰储存着脂肪，可以为骆驼提供能量。

厚厚的肉质茎能储存水分。

宽厚的脚掌使骆驼不会陷入沙土中。

尖锐的刺可以保护植物不被动物伤害。

仙人掌

骆驼

对称性

许多生物的身体是对称的，即身体相对一个轴、一个平面或围绕一个点对称。

两侧对称

生物体只相对一个平面对称，它在这个平面的一侧与另一侧对称，就像人照镜子一样。

辐射对称

生物体相对一个轴、一个点或者很多个平面对称。一般来说，通过生物体的中心，可以有多种方法将它分为两个对称的部分。

不对称

生物体的外形完全不对称。

脊椎动物的身体构造

一些动物拥有贯穿躯干的脊髓，而脊柱就像由椎骨组成的塔一样，套在脊髓外面。

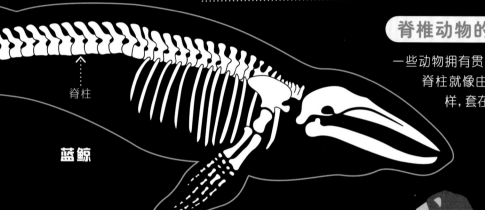

脊柱

蓝鲸

节肢动物

一些动物的身体由不同的体节构成，这些动物被称为节肢动物，如昆虫和蟹。每个体节通常都被坚硬的外壳（外骨骼）所覆盖。

外骨骼

雌狮　　雄狮

两性异形

有一些物种，其雄性和雌性的形态结构有很大的差异，这种现象就是性别二态性，也叫作两性异形。例如，有的雄性动物长得比雌性大很多，而且体形越大越有利于它击退其他雄性；而有些雄性动物色彩鲜艳，以此来吸引雌性动物。

特殊的寄生方式

有些生物雌雄个体差异极大，通常是雄性个体微小，结构简单，需要寄生在雌性身上，这也便利了交配。比如深海中的鮟鱇鱼，雄性咬住雌性的肚皮，寄生在雌性体外，最终相附至死。

雄鮟鱇鱼

雌鮟鱇鱼

细胞

除病毒等生物以外，许许多多生物都是由细胞构成的。可以说，细胞是构成它们的基本单位。细胞包含一些小小的细胞器，如叶绿体、液泡、线粒体、核糖体等。它们能产生能量，使细胞存活，并告诉生物体该做什么。

植物细胞

植物细胞有坚韧的细胞壁，但动物细胞没有。植物细胞拥有的一些特殊结构，能制造植物生存和生长所需的能量。

叶绿体
植物细胞中的叶绿体内，含有大量的叶绿素。它能利用光能产生糖类等有机物，植物能利用这些有机物产生能量。

细胞壁
植物细胞的细胞壁，能使细胞的外表面更结实。

液泡
液泡内充满了细胞液，这能帮助植物细胞保持饱满的形态。

人体有大约 **38万亿**个细胞。

核糖体
这种微小结构是合成
蛋白质的场所。

细胞膜
细胞膜对细胞起保护作用，还能控
制细胞内外物质、能量和信息
的交换。

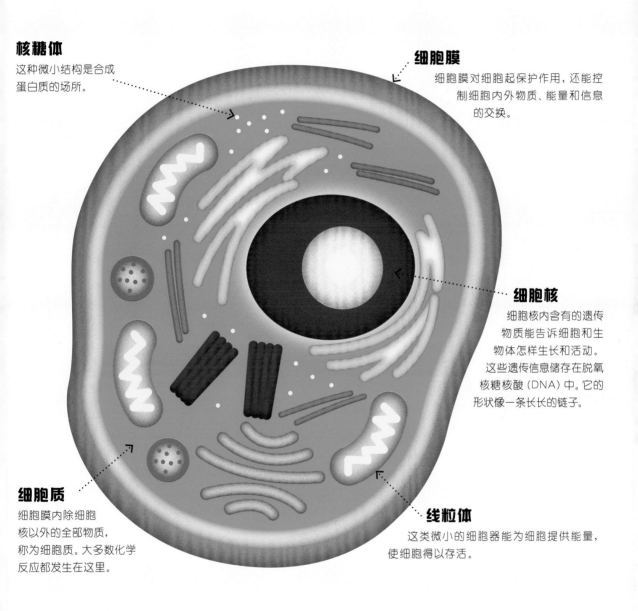

细胞核
细胞核内含有的遗传
物质能告诉细胞和生
物体怎样生长和活动。
这些遗传信息储存在脱氧
核糖核酸（DNA）中。它的
形状像一条长长的链子。

细胞质
细胞膜内除细胞
核以外的全部物质，
称为细胞质。大多数化学
反应都发生在这里。

线粒体
这类微小的细胞器能为细胞提供能量，
使细胞得以存活。

动物细胞

动物细胞被细胞膜包裹。它们在体内的作用不同，形状也可能不同。它们的细胞膜柔软又有弹性，可以根据
需要呈现不同的形状。例如，神经元（神经细胞）负责传递信息，肝细胞有生产和储存营养等作用，这两种
细胞的形状就有很大差别。

群居生活

自然界中有许多生物过着群居生活。这些群体既可能是以家庭为单位的小群体，也可能是包含数百万个体的庞大群体。群居生活可以使个体受到更好的保护，更容易找到食物，还有助于养育后代。

家庭生活

一些动物，尤其是哺乳动物，以家庭为单位生活在一起。成年动物负责看护和喂养幼崽。

当猫鼬幼崽在洞穴周围打闹嬉戏时，成年猫鼬要负责留意周围有没有捕食者。

成年雄狮赶走其他想要替代自己统领狮群的雄性。

狮群

在一起生活的狮子结成的群体，称为狮群。狮群通常由一只成年雄狮、一些成年雌狮和未成年的幼狮组成。

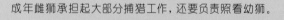

成年雌狮承担起大部分捕猎工作，还要负责照看幼狮。

如果其他雄狮成为狮群的新首领，狮群中的幼狮有可能会被新首领杀死。

蚁后

工蚁　　兵蚁　　蚁王

白蚁

比较大的白蚁群体有上百万只个体。蚁后和蚁王负责繁殖后代。在蚁后和蚁王之下是保卫蚁群的兵蚁，以及负责照顾蚁后、蚁王、兵蚁和幼蚁的工蚁（或若蚁）。

裸鼹鼠

裸鼹鼠的群体中大约有80个成员。高高位于族群之顶的是一只肥硕的鼹鼠"女王",它拥有和群体中少数几只雄鼠交配的权力。除鼹鼠"女王"和这几只雄鼠外,其余无论雌雄都是工鼠。

鼹鼠"女王"

雄鼠

工鼠

建造一个家

一些动物能建造结构惊人的巢穴,有的动物甚至还会用自己的身体为巢穴"添砖加瓦"!

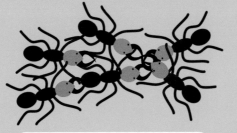

行军蚁的"临时营房"

与大部分蚂蚁不同,行军蚁不筑巢,而是终生四处游猎。休息时,行军蚁会咬住其他伙伴,就这样一个连着一个,形成一个巨大的蚂蚁团。这就像一个临时的营房,直到再次出发之前,行军蚁就在里面休息。

做不同用途的场所

蚁路

白蚁蚁巢

白蚁会建造巨大的蚁巢,有些甚至会高出地面数米。蚁巢里面有很多做不同用途的小房间,还有很多通道与这些房间相连。

卵

蜂巢

蜂巢是由巢房组成的。这些小小的巢房就像正六边形的小房间。蜂卵被产在巢房里,孵化后幼虫就在那里吃住。

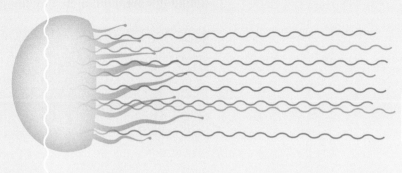

生活在水中

在水里生活可能会有些困难，因为在水中移动比在空气中更费力气。此外，在海洋深处，海水产生的巨大压力能将许多生物瞬间压碎。

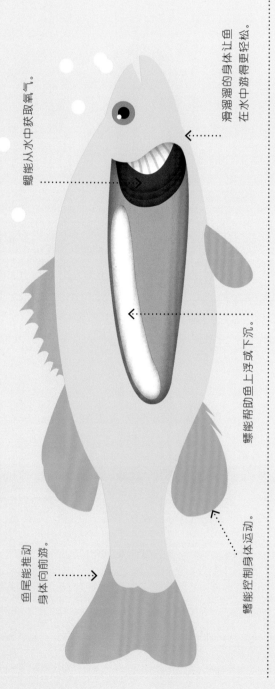

鳃能从水中获取氧气。

鱼尾能推动身体向前游。

鳔能帮助鱼上浮或下沉。

鳍能控制身体运动。

滑溜溜的身体让鱼在水中游得更轻松。

水母

海洋中，海水形成强大的洋流，一刻不停地奔流着。很多生物，比如水母就利用这些洋流四处漂流，而不是自己主动游动。

水中巨无霸

生活在水中的生物往往能够充分生长，因此水里的一些生物长得巨大无比。准确地说，蓝鲸是地球上现存的体形最大的动物。

18

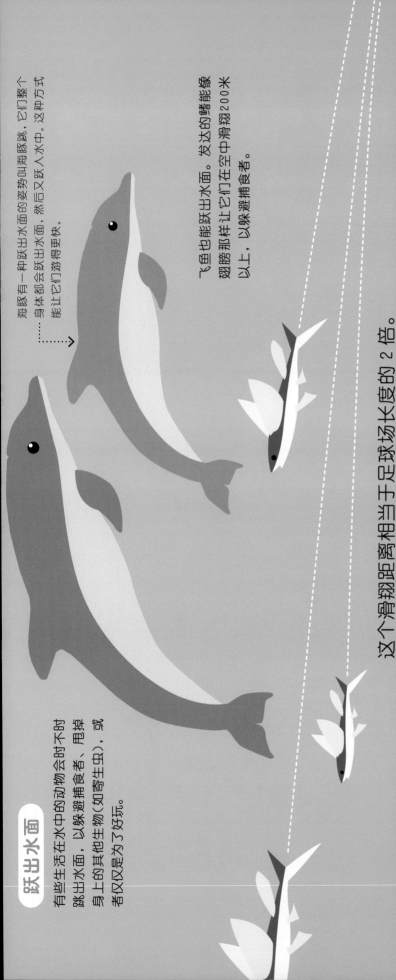

跃出水面

有些生活在水中的动物会时不时跳出水面，以躲避捕食者、甩掉身上的其他生物（如寄生虫），或者仅仅是为了好玩。

海豚有一种跃出水面的姿势叫海豚跳，它们整个身体都会跃出水面，然后又跃入水中。这种方式能让它们游得更快。

飞鱼也能跃出水面。发达的鳍能像翅膀那样让它们在空中滑翔200米以上，以躲避捕食者。

这个滑翔距离相当于足球场长度的2倍。

深海中的生物

生活在深海的生物进化出了适应黑暗环境的身体结构。

生物发光

有些生物能够自己发出光亮，这种现象叫作生物发光。生物利用发光来躲避捕食者，吓退敌人或吸引猎物——使其主动游向自己张大的嘴中。

巨大的眼睛

由于深海非常黑暗，一些生活在这里的动物拥有巨大的眼睛，人们认为这可以使它们尽可能多地感知光线。

生活在陆地上

从郁郁葱葱的热带雨林,到干旱难耐的茫茫沙漠,陆地上有许多差异很大的生态系统。因此,生物进化出了许多特征和行为,来适应它们所在的生态系统。

与寒冷为伴

为了在极地附近的严寒环境中生存下去,生活在这里的动物长出了厚厚的皮毛和脂肪层。

以树为家

热带雨林中的树木能够组成远高于地面的冠层。冠层为一些动物提供了家园,使它们得以远离一些捕食者,也为一些动物提供了在森林中穿行的捷径。

为了保暖,北极熊长有厚毛,还有将近13厘米厚的脂肪层。

寻找水源

绝大部分生物都需要水才能生存。为此,在干旱的条件下,一些生物为了找到这种珍贵的液体,会付出极大的努力。南非姆普马兰加省有一株野生无花果树,它的树根伸入地下超过120米。

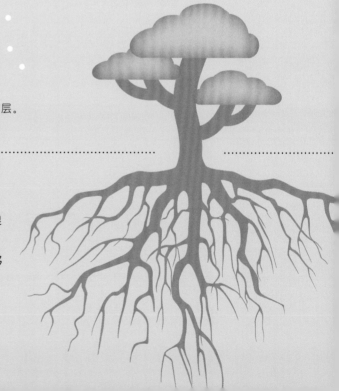

居于地下

地下几乎没有光，因此动物不得不依靠眼睛以外的感官来感知一切。

生活在黑暗洞穴中的墨西哥丽脂鲤，已经完全失去了视力。

飞向空中

飞行能力使鸟类、蝙蝠和许多昆虫能逃脱捕食者的追杀，并捕到食物。所有这些能飞行的生物都有翅膀状的飞行器官。蝙蝠的翼有薄薄的翼膜，鸟类的翅膀被羽毛所覆盖，昆虫的翅是由胸的一部分延伸形成的。

蝙蝠的翼

风神翼龙是一种史前动物，是已知能飞行的动物中最大的，它的翼展可达

10米以上。

鸟类的翅膀

野生无花果树树根的长度超过了伦敦圣保罗大教堂的高度。

111米

昆虫的翅

食物链和食物网

所有的生物都需要食物才能生存。一些生物能自给自足，生产自己所需的能量，而另一些生物则需要通过食用其他生物或吸收它们的营养来获取能量。

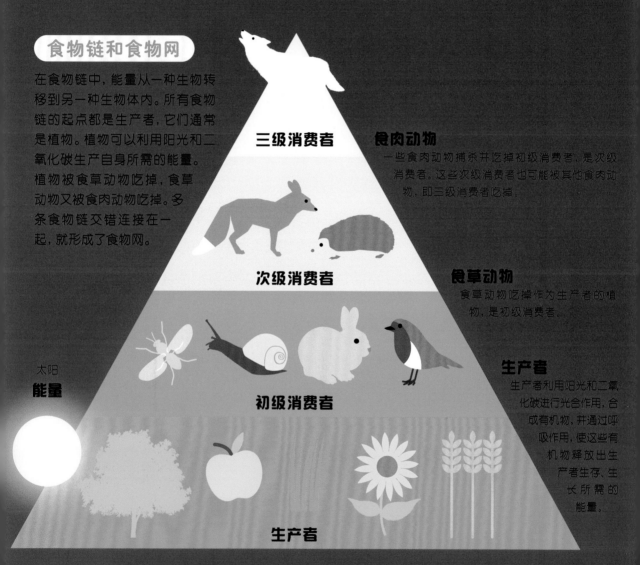

食物链和食物网

在食物链中，能量从一种生物转移到另一种生物体内。所有食物链的起点都是生产者，它们通常是植物。植物可以利用阳光和二氧化碳生产自身所需的能量。植物被食草动物吃掉，食草动物又被食肉动物吃掉。多条食物链交错连接在一起，就形成了食物网。

三级消费者

次级消费者

太阳
能量

初级消费者

生产者

食肉动物
一些食肉动物捕杀并吃掉初级消费者，是次级消费者。这些次级消费者也可能被其他食肉动物，即三级消费者吃掉。

食草动物
食草动物吃掉作为生产者的植物，是初级消费者。

生产者
生产者利用阳光和二氧化碳进行光合作用，合成有机物，并通过呼吸作用，使这些有机物释放出生产者生存、生长所需的能量。

营养级

食物链中的各层级被称为营养级。食物链的起点是生产者，是第一营养级，初级消费者是第二营养级，依此类推，一条食物链的营养级通常不会超过五级。

一个食物网里有多条食物链，不同的物种相互依存，以获取自己所需的能量。

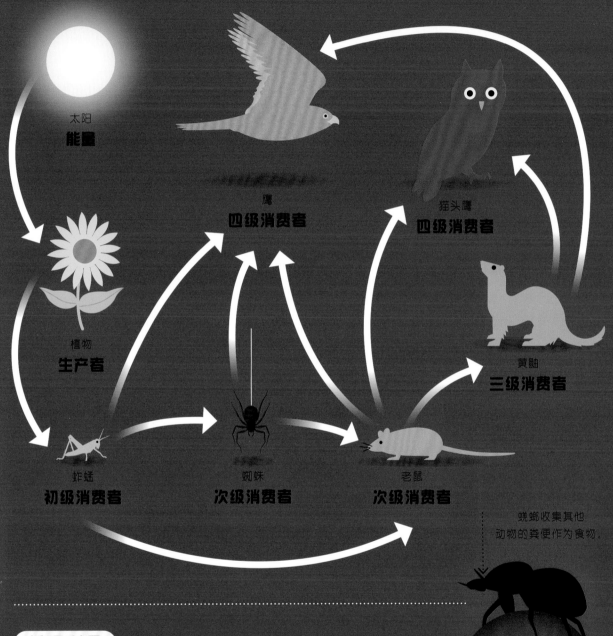

太阳
能量

鹰
四级消费者

猫头鹰
四级消费者

植物
生产者

黄鼬
三级消费者

蚱蜢
初级消费者

蜘蛛
次级消费者

老鼠
次级消费者

蜣螂收集其他
动物的粪便作为食物。

循环利用

在所有的食物网中，一个关键部分就是对营养物的再利用，而这正是回收者和分解者的工作。它们以动植物的尸体和废弃物为食，并负责分解它们，将营养物质重新带回到食物网中，供生产者（植物）利用。

生命周期

许多生物逐渐成长，从小到大，从不成熟到成熟。成年后，它们会逐渐变老，直至死去。整个过程被称为生命周期。

植物的生命周期

植物的种类不同，生命周期也不同。

1. 一粒种子为生长做好准备后，就会生根、发芽，向上破土而出，向下延伸根系。

3. 最终，这株植物会产生更多的种子。这些种子会脱离这株植物，未来可能会发芽并开始它们自己的生命周期。

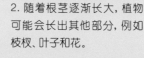

2. 随着根茎逐渐长大，植物可能会长出其他部分，例如枝杈、叶子和花。

变态

有些动物在发育过程中，外部形态和内部结构会经历阶段性的、显著的改变，例如蝴蝶。这一现象叫作变态。

4. 在蛹里完成变化后，它就会变成一只成年蝴蝶，破蛹而出了。

3. 当毛毛虫不再长大时，它就会变成蛹。在蛹里面，它悄悄经历了一些重大的变化。

1. 蝴蝶在叶子上产卵，好让孵化出来的幼虫有现成的食物吃。

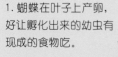

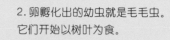

2. 卵孵化出的幼虫就是毛毛虫。它们开始以树叶为食。

24

寿命

生物可以预期的寿命因物种而异。

普通家鼠
2－3年

亚洲象
约**80**岁

金刚鹦鹉
80年以上

人类
约**120**岁

（"世界上最长寿的人"
吉尼斯世界纪录保持者
让娜·卡尔曼特的寿命
长达**122**岁）

加拉帕戈斯象龟
200年以上

圆蛤（一种软体动物）
可超过**500**年

成熟

随着年龄的增长，哺乳动物的身
体也在长大，但外形和结构不会
经历像变态这样巨大的变化。

狐尾松
3 000－5 000年

颤杨
约**80 000**年

刚出生时，蓝鲸的体长约为 7 米。

在 8 个月大的时候，蓝鲸
就可以长到 15 米长。

蓝鲸在 10 岁左右进入成熟期，这时它的体长约为 25 米。

进化和适应

自从地球上出现了第一种生命形式以来,为了适应各种各样的环境条件,进化出了数以百万计的物种。今天,它们几乎遍布全球。

自然选择

有性生殖的生物产生后代时,来自父母双方的遗传物质结合在一起,为该物种孕育出一个全新的个体。遗传物质的结构在结合过程中也可能发生一些改变,这种现象在生物学上被称为突变。突变有可能使生物体在生存上更具优势,还可能将这些优势传递给后代。

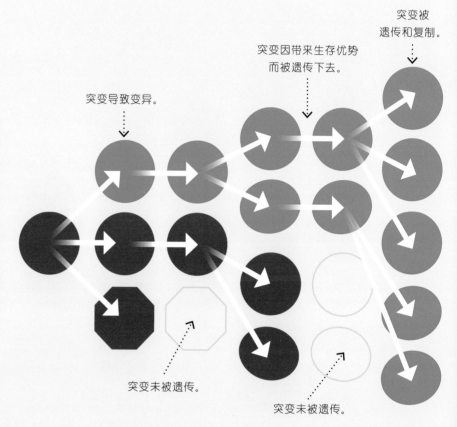

突变导致变异。

突变因带来生存优势而被遗传下去。

突变被遗传和复制。

突变未被遗传。

突变未被遗传。

雀鸟和岛屿

1858年,英国博物学家查尔斯·罗伯特·达尔文提出了生物进化主要通过自然选择来实现的观点。在一次去太平洋科隆群岛的旅行中,他注意到生活在这些岛屿上的雀鸟有着各种各样的喙。

莺雀

拟䴕树雀

大树雀

植食树雀

主要吃虫子

主要吃树芽和水果

灭绝

如果一种生物不能适应环境，那么它就会灭绝。导致物种灭绝的原因包括：

渡渡鸟

3. 气候和环境急剧变化。

恐龙

达尔文蛙

1. 新的疾病传入，且该物种对它无法免疫。

2. 新的捕食者或竞争者入侵。

96%

科学家估计，在全世界，每年可能有多达

27 000 个物种灭绝。

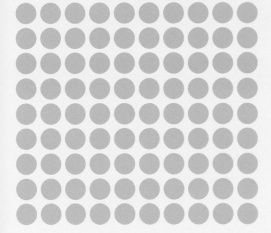

● =300 个物种

99.9%

据估计，曾存在过的物种，99.9% 以上已经灭绝。

历史上，地球至少经历过五次生物大灭绝。规模最大的一次是发生在 2.52 亿年前的二叠纪末灭绝事件，大约 96% 的物种因此而彻底消失。

原来，不同岛屿上的食物来源各不相同，各岛的雀鸟为了适应当地的条件，进化出了各有特点的喙。

仙人掌地雀

······ **主要吃仙人掌种子** ······

尖嘴地雀

大地雀

······ **主要吃种子** ······

词汇表

变态

在个体发育过程中，一些动物在形态结构和生活习性方面发生的显著变化，例如蝌蚪变青蛙。

病毒

一类没有细胞结构但有遗传、变异等生命特征的微生物，只能在细胞内寄生和繁殖。一些病毒能引起疾病。

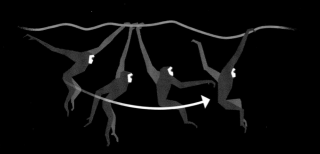

大肠杆菌

人和动物肠道中存在的一类杆状细菌。大多不会导致疾病，但有些可能引起腹泻或其他感染病症。

冠层

林木树冠的集合体，由高大树木的枝叶构成，与地面有一定距离。

脊椎动物

体内有脊柱的动物。脊柱是由脊椎骨连接而成的。

进化

在很长一段时间里，生物为了适应生存环境，在形态结构和遗传组成等方面发生变化的过程。

克隆

通过生物的体细胞进行的无性繁殖，新生成的生命体或生命物质的遗传基因与母体完全相同。

灭绝

生物物种最后一个个体死亡，没留下任何后代的现象。

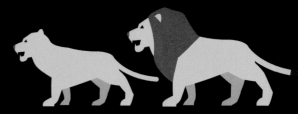

生产者

生态系统中，通过光合作用制造有机物的生物。在食物链中，生产者通常是植物。

生态系统

各种生物之间，以及它们与所处的生活环境之间，相互作用而形成的整个体系。

突变

由于基因结构的改变，致使生物的基因型发生稳定且可遗传的变化的过程。一般会导致生物体外观或行为发生变化。

无脊椎动物

脊椎动物以外所有动物的总称。其主要特点是在身体的中轴部位没有由脊椎骨所组成的脊柱。

无性生殖

不经过雌雄两性生殖细胞的结合，而是由一个生物体直接产生后代的生殖方式。

物种

生物分类的基本单位。同一物种中的个体具有相同的形态特征、生理特性和行为特点等，可以交配并产生有生殖能力的后代。

细胞器

细胞质中具有一定形态、执行特定功能的结构。

细菌

微生物的一大类，由单个细胞组成，细胞内的遗传物质没有膜包围。有些种类的细菌会导致疾病。

消费者

在生物系统的食物链中，必须通过吃其他生物才能获得能量和营养的生物。

遗传物质

能将遗传信息从一代传给下一代的物质。绝大部分生物的遗传物质是脱氧核糖核酸（DNA），存在于细胞中。

有丝分裂

细胞分裂的主要方式。细胞通过纺锤丝将染色体一分为二，进而分裂产生两个具有相同遗传物质的子细胞。

有性生殖

雌雄两性生殖细胞相结合，进而形成新个体的生殖方式。

幼体

孵化后处于早期发育阶段的生物体，其外部形态和习性与成年个体不同。

自然选择

生物在自然条件的影响下发生变异，适应自然条件者生存，不适应者被淘汰的现象。

SCIENCE IN INFOGRAPHICS: LIVING THINGS
Written by Jon Richards and illustrated by Ed Simkins
First published in English in 2017 by Wayland
Copyright © Wayland, 2017
This edition arranged through CA-LINK International LLC
Simplified Chinese edition copyright © 2022 by BEIJING QIANQIU ZHIYE PUBLISHING CO., LTD.
All rights reserved.

著作权合同登记号　图字：01-2021-3134

图书在版编目（CIP）数据

了不起的生物 ／（英）乔恩·理查兹著 ；（英）埃德·西姆金斯绘 ；梁秋婵译. —— 北京 ：中国妇女出版社，2022.3

（一看就懂的图表科学书）
ISBN 978-7-5127-2116-6

Ⅰ．①了… Ⅱ．①乔… ②埃… ③梁… Ⅲ．①生物-普及读物 Ⅳ．①Q-49

中国版本图书馆CIP数据核字(2022)第011724号

责任编辑：王　琳
封面设计：秋千童书设计中心
责任印制：李志国

出版发行：中国妇女出版社
地　　址：北京市东城区史家胡同甲24号　　邮政编码：100010
电　　话：（010）65133160（发行部）　　65133161（邮购）
邮　　箱：zgfncbs@womenbooks.cn
法律顾问：北京市道可特律师事务所
经　　销：各地新华书店

印　　刷：北京启航东方印刷有限公司
开　　本：185mm×260mm　1/16
印　　张：2
字　　数：36千字
版　　次：2022年3月第1版　2022年3月第1次印刷
定　　价：108.00元（全六册）

如有印装错误，请与发行部联系